卡拉海

拉普捷夫海

東西伯利亞海

巴倫支海

北極圈

波羅
的海

歐洲

亞洲

白令海

鄂霍次克海

特納火山，3323m
西里島，第9頁

裏海

地中海

東海

北回歸線

埃爾塔阿雷火山，613m
衣索比亞，第50頁

阿拉伯海

孟加拉灣

南海

菲律賓海

太平洋

赤道

尼拉貢戈火山，3470m
剛果民主共和國，第24頁

印度洋

爪哇海

班達海

阿拉夫拉海

珊瑚海

南回歸線

澳洲

大澳洲灣

塔斯曼海

南極圈

伊里布斯峰，3794m
南極洲，第42頁

深入火山

卡斯坦·彼得

探索地球上最暴烈的地方

翻譯：張璧

NATIONAL GEOGRAPHIC

大石文化 Boulder Media
an IDG company

卡斯坦·彼得
CARSTEN PETER

第一次和卡斯坦·彼得見面，是在我家附近的一間小咖啡館。當時我並不知道，我們其實是鄰居。我對他的攝影作品仰慕已久，自然而然對他本人也非常好奇。彼得為了帶回這些絕美的照片，踏上無數的旅程走訪世界各地的火山——從俄羅斯的勘察加半島到印尼，從冰島到坦尚尼亞。這些照片美得讓人起雞皮疙瘩。因為光看照片，你就能聽見火山爆發的聲音、能感受現場的熱度、能嗅到火山熔岩的氣味——因為他就是離火山這麼近。他憑著豐富的火山知識，熟練的攀岩、駕駛滑翔翼和潛水等技能，還有對大自然法則的了解，以及對未知的敬意，常常身陷致命危險，卻總是能全身而退。不過卡斯坦·彼得對於他自己的成就是很謙虛的。他輕聲細語地、幾乎是害羞地描述各種令人毛骨悚然的狀況，還有往往在眼看就要喪命的前一刻找到生路的故事。我問他，是什麼力量驅使他不畏艱難地遠征火山，他的回答很簡短：「好奇。」

　　希望這本書能勾起你的好奇心，並且一輩子保持下去。

湯姆·道爾
Tom Dauer

埃特納峰海拔3323公尺，是
歐洲最高的火山。

火山靈魂

義大利海岸外的西西里島上，聳立著地表最活躍的火山之一：埃特納峰。彼得小時候深深愛著它，長大後則學會敬畏它。

生活在埃特納火山周圍的居民祈求聖艾智德（St. Eigidio）的保護。

卡斯坦・彼得15歲時第一次探頭望進火山口。他笑著回憶道：「我一直苦苦哀求父母，我們才終於在暑假前往西西里島。」在這座義大利海岸外的島上，聳立著歐洲最高的火山：埃特納峰（Mount Etna）。彼得就是一定要爬上這座山。觀光吉普車把彼得一家載到火山口邊緣。當時的埃特納峰正值休眠期，彼得卻覺得，自己彷彿透過一扇窗戶，看見了地球的內部——底下是一個隱藏著許多祕密的世界。某種不可思議的力量運轉著那個世界：熾熱的岩石熔化、燃燒、沸騰，煙霧瀰漫、嘶嘶作響。小彼得傻傻地站著，驚奇而目不轉睛地深深受到吸引，再也不願意離開。最後，父母不得不逼著他回家，而他清楚地知道，自己會在最短的時間內回來——而且是自己一人。從那次以後，彼得來訪埃特納火山很多次了。他說：「這座山是火山中的變色龍。」它在數千年來始終不斷變化，從盾狀火山變身成層狀火山，有不同的噴發型態，它的大型噴發可能會威脅周遭居民的生命。因此埃特納火山也讓有經驗的火山學家，一再面對新的挑戰。

巨大的火山灰雲在2002年遮蓋了埃特納火山上空。火山灰雲是由非常細小的岩石粒子組成的。

熔岩泉
2001年，從火山裂縫深處噴出的火山熔岩，
威脅了登山步道及休憩站。

無休止的監測

2001年，彼得和朋友克里斯·漢萊恩（Chris Heinlein）一起登上埃特納峰。彼得說：「這座山現在就像醫院裡接上測量儀器的病人。」為了要能在火山噴發之前事先警告山腳下的居民，監測是必要的。那幾天偵測到的數次輕度地震，預告了即將發生的爆發高潮，也就是劇烈的、帶有強大爆炸的噴發，會形成巨大的火山灰雲（nuee）。這種類型的噴發，通常只會短暫持續數小時，但是威力相對更強大、更令人震撼：火山會噴出熔岩泉，還有數以百計熾熱的熔岩流湧入山谷。

　　這對埃特納山腳下的居民而言是極度危險的。歷史上規模最大的噴發，發生在1669年。

當時，瀕臨絕望的卡塔尼亞居民用十字鎬在地上挖掘深溝，試圖引導熾熱的熔岩流改道。為了避免被高熱灼傷，他們浸溼動物皮革、包裹身體，卻徒勞無功：大量的熔岩流在滾滾入海之前，無情地把卡塔尼亞市燒成一片廢墟。彼得說：「興致來的時候，埃特納峰可以很殘酷。」今天，西西里島的埃特納峰，是全世界同類火山中最活躍的之一。它的側翼一直重新裂開，形成巨大的火山裂縫，並誕生全新的火山口，而整塊側翼鬆動，滑入山谷，也就是所謂的岩屑崩落現象。

發燒奇景

彼得與漢萊恩雖然深知危險，還是往火山挺

類似人工滑冰道的火山熔岩約攝氏1000度，沿著埃特納峰的坡面蜿蜒而下。

懸掛在洞穴頂端的鼻涕菌（Snottite），是一種掛在洞穴和天花板上的單細胞細菌。和形狀類似的鐘乳石比起來，它的質地黏稠得多，像條手帕。

在已經凝固的肋狀岩石地形底下，熾熱的「塊熔岩」冒著煙。

色彩遊戲
硫磺把岩漿岩（magmatite）染成黃綠色。

攝氏 1200度

熔岩在地面上冷卻、凝固之前，它的溫度可以達到這麼高！還儲存在地球內部的、已經熔化的岩石，統稱為岩漿（Magma）。

99%

的地球溫度高於攝氏1000度。

火山的種類

盾狀火山

由許多薄熔岩層組成。濃度較稀、流動速度快的熔岩，會形成坡度緩和、向平面伸展的山型，看起來像平放在地面上的盾牌。埃特納火山大約從60萬年前開始成型為盾狀火山。

層狀火山

由熔岩層及火山灰層交疊堆積而成。較濃、較黏稠的熔岩因為流不遠，而堆疊成陡峭、尖錐的山型。大約在10萬年前，埃特納火山轉型成層狀火山。

寄生火山錐

火山爆發時，在側翼上長出的小火山錐。埃特納大約有300個寄生火山錐。

進；或者應該說，正因為他們非常清楚危險性有多高，才更想冒險上山。背上沉重的背包，裡頭有相機、腳架、羽絨衣（埃特納峰雖是火山，在一定的高度以上還是非常冷），還有三天份的糧食。

兩人希望能夠用相機捕捉東南側火山口的噴發景象，於是打定主意在山上堅守到最後一秒。不過，白等了三天三夜。在兩人過夜的、已成廢墟的火山觀測站裡，時間走得跟蝸牛一樣慢。他們正在考慮是否該放棄任務時，凌晨2點，最後的爆發高潮報到。第四天，是表定該回家的時間。漢萊恩正要爬出觀測站唯一的窗戶時，地震了！劇烈的晃動震醒了彼得。還好，失修的建物沒有倒塌，但是窗外的景色全變了。地面，在觀測站不到100公尺的前方崩出了裂縫，熔岩泉照亮天空；熾熱的熔岩碎片被拋入空中；地表到處都在冒煙——很快腳下的地板就會像被沸水頂開的鍋蓋一般，向上隆起。雖然兩位攝影師沒有穿著高熱防護裝，卻因為風的保護，能貼近難得一見的「發燒奇景」——這個狀況其實很危險。所站之處可能會裂開、四處亂飛的石塊可能撞擊過來，或是熔岩流可能圍繞他們。退回觀測站廢墟後，另一個問題來了：糧食吃完了。沒想到，餓壞的兩人竟然找到一包麵條，不過在煮麵之前，必須先把黏在上面的老鼠屎——摳掉。不僅如此，他們還在火山灰底下找到殘雪，剛巧可以用來煮水！兩位冒險家有清楚的共識：埃特納火山既然火氣上來、發脾氣了，當然就不能放棄這個據點。還好，不久後抵達的電影拍攝小組帶來了足夠的食物。彼得與漢萊恩在山上待了將近兩個星期之久。他們投注的心血值回票價：不僅觀察到埃特納火山如何把汽車般大小的火山灰及岩塊，拋到800公尺高的空中，還追蹤到地下隧道裡熔岩流乾涸的痕跡，並且面對面站在讓埃特納峰搖身變身成煙火的200公尺高熔岩泉面前，直視著它！多年後，回憶起在埃特納峰親身經歷的場景，彼得仍然回味無窮！他說：「火山，是有靈魂的山。」埃特納峰擁有的，是非常特別的靈魂——直到今天，它依然擅於製造驚喜。❧

空氣汙染
埃特納火山口噴發出的
火山灰雲遮蔽了天空。

街道毀損
2002年的地震損毀了埃特納
峰周邊的許多交通路線。

在彭加蒂歐（Bongardio）
村，地震為卡美洛聖母教堂造
成明顯的損壞。

兩位消防人員先行處理鬆動的樓面碎塊，
以免砸傷路人。

為了就近觀察融冰洞穴，火山學家划船靠近一座冰山——這座冰山正朝冰島的傑古沙龍冰川湖（Jökulsárlón Glacier laguna）緩緩移動。

當寒冰遇上烈火

冰島是大西洋上的一座小島，因為所在位置特殊，常常遭遇火山噴發的危害。因此冰島對彼得來說深具意義。

波福海
巴芬灣
挪威海
哈得遜灣
拉布拉多海
波羅的海
北海
北美洲
歐洲

事情發生得太突然，彼得根本沒時間反應。才跨出一步，剛把身體的重心挪到右腳，腳下的地面就突然消失了。彼得無法再跳回原點，摔了下去：冰層破了，冰水立刻吞噬他，有一瞬間只見相機浮在水面上。他試著伸手保護相機，直到自己浮上水面為止。

900公尺厚的冰層

彼得在歐洲最大的冰川：冰島的瓦特納冰川（Glacier Vatnajökull）作調查。鳥瞰冰島，瓦特納冰川的形狀奇特，好像有個巨人用白色

配備低壓輪胎的超級越野車能行駛在冰川上，只要架起鐵梯，就可以跨越冰隙。

顏料在島的東南側亂畫一通似的，邊緣像流蘇一般長出許多小手指，形成無數道冰隙。這片冰川的面積相當於兩個南投縣，冰層厚達900公尺。冰川的中央卻和它流蘇狀的邊緣完全相反，像一張拉緊而平順的白床單覆蓋著大地。然而冰川的寧靜只是表象，還有另外一個世界，在它的萬年冰層底下騷動著。瓦特納冰川底下的格里姆火山（Grímsvötn）平均每十年爆發一次。為了觀察格里姆火山的噴發，彼得飛到了冰島，目的當然是找到距噴發處最近的觀察點。為此，他才和朋友結伴，挑戰登上冰川。

1996年，火山的高熱熔化了瓦特納冰川一塊800公尺厚的冰盾，雕鑿出冰橋和其他脆弱的地形。

最後一秒的救援

過了幾秒鐘，彼得才恍然大悟：原來冰層破裂的地點，就在瓦特納冰川這件冰涼的外衣下方，也就是格里姆火山開始沸騰的地方。極熱遇上了極冷：上方的冰川是冰凍、寒冷的；下方的岩漿則是熾熱無比。格里姆火山醞釀了足夠的熱度，迫使冰川開始融化，產生的融冰切削出渠道、峽谷與洞穴——全都是冰構成的。而彼得就是掉進了這樣的一處河床裡，情況非常棘手。幾秒鐘內，極度冰冷的水就能讓他徹底溼透；驚嚇導致呼吸急促，手指立即又溼又冷；冰渠裡沒有任何一個著力點可以讓他攀住；流動的水拉扯他的外套和長褲；極冷的水與寒氣麻痺了他的知覺。為了不跟著掉進冰渠裡，一位朋友匍伏在冰上，伸出拉長的相機腳架，讓彼得抓穩。接著，友人再合力把他拉出冰渠。

冰底噴發

掉進冰渠，並不是彼得在冰島上的第一個冒險故事。他造訪冰島已經大約20次了。印象最深的是1996年那次：「那可是人類歷史上空前的一次。我們第一次有機會目睹冰底噴發！」由於冰川地形破碎，彼得乘坐一架西斯納小型雙座單引擎飛機，飛抵格嘉普火山（Gjálp）。離火山愈近，他就愈興奮。放眼望去，通常是一整塊的冰川平面，出現了多處圓形的塌陷。這些圓圓的漏斗直徑有好幾公里長，漏斗中央裝

著灰藍色的湖泊——看起來好像望著天空的巨大眼睛。最讓人印象深刻的是，從這些灰藍色的眼睛裡，噴出了上百公尺高的熔岩泉，拋射出火山彈——由蒸氣與水組成的飛旋熔岩碎屑。

小型噴射機在空中劃出幾道凝結尾。火山熔岩衝破的冰層裂口上方，豎立著一條數公里

熱冰塊
在加熱的地面上，結凍的冰層融成魚鱗狀的冰塊。

分布在冰川表層下方的廣大洞穴系統。

聚集在冰層底下的二氧化碳氣體對人體有害。科學家戴上氧氣罩自保。

熱水在克韋爾克火山（Kverkfjöll）融出的冰洞。巨大的冰碎塊隨時會掉落，非常危險。

科學家把繩索固定在越野車上，垂降進入位於冰川下方的格里姆火山口。

冰島最大的溫泉區，就在瓦特納冰河的萬年冰層底下。

高的灰黑色火山灰柱和大量熱氣。「太壯觀了！」，彼得說，「我好像看見一隻一邊噴水、一邊浮出水面的巨型鯨魚。」

雄壯的自然力量

瓦特納冰川底下的格嘉普火山噴發，帶來了嚴重後果。強大的高熱融化了非常多的冰，形成大量的水蓄積在冰川上，朝格里姆火山方向流去。格里姆火山本來就已經有一個藏身在冰層底下的火山臼（Caldera）——這是火山噴發後，火山口底下儲存岩漿的岩漿庫突然空掉，上方的地表跟著塌陷，因而產生的圓形凹槽。這座覆蓋著冰層的地下火山臼裡，本來就會定期形成一座湖，現在再加上格嘉普火山噴發後流入的融冰水，水平面於是升高到危險的程度。這座「冰壩」大約承受了一個月的高壓。最後，水穿透冰層，沖出了一條水道，如潰堤般暴發。建築物大小的冰川碎塊在600公尺寬的湍急大河上載浮載沉，大水和冰山摧毀了街道和橋梁，河水帶來的漂沙完全改變了地貌。

就是這種大自然的原始力量讓彼得驚嘆不已，不過現在他沒時間想這麼多。他溼淋淋地重新站上了冰層，猛打哆嗦，但並不只是因為瓦特納冰川的零下低溫，而是因為他知道就差那麼一點點，他就可能永遠消失在冰川裡了。

遠征隊中的一位同伴拿來一件衣服讓他穿上，彼得的體溫很快就恢復正常。不過，跟他一樣溼答答的相機，今天是用不上了。到了晚上彼得才有空用吹風機吹乾它，畢竟他隔天還要再次出發，好好拍攝冰島的火山群。❊

1998年彼得從飛機上拍攝的格里姆火山噴發，火山灰柱直上天際達1公里高。

不斷移動的地表

板塊構造

地球的外殼並不像蛋殼那樣一體成形，而是在數億年中逐漸裂成好幾塊。地殼總共有7個大陸板塊和11個較小的板塊，承載著海洋及陸地。板塊並不是固定在地心上，而是浮在地殼層的濃稠熔岩之上，所以板塊經常移動，稱為板塊運動。

火山之島

位於歐洲和格陵蘭島之間的冰島，是一座山脈的頂峰，山脈的其餘部分淹沒在海平面以下。大西洋中洋脊呈一個巨大的S形躺在海底，宛如地殼上的一道疤痕。一條深溝就沿著這座海底山脈裂開，以每年兩公分的速度擴張——由於北美洲板塊和歐洲板塊漂移，彼此分離，使大西洋中洋脊逐漸分開。跟冰島一樣，岩漿從不斷被撕開的裂口噴上來。

冰島上的冰塊在夕陽照耀下，彷彿炙熱的岩石。

附地板暖氣的營地
火山學家在尼拉貢戈山（Nyiragon-go）的火山口裡紮營工作。

大西洋

地中海

非洲

比海

阿拉伯海

孟加拉灣

幾內亞灣

南美洲

印度洋

大西洋

熾熱火湖

彼得曾多次組織遠征隊前往尼拉貢戈火山,可惜都失敗。直到最後一次嘗試,終於見到一個永難忘懷的景象,使他不屈不撓的精神得到了回報。

卡斯坦·彼得簡直不敢相信自己獨享著眼前的奇景:滾燙的熔岩反射的紅光隱約在火山口壁上閃爍;滿月在夜空中移動,薄薄的雲如紗一般懸掛在彼得和天空之間。他的帳棚就在尼拉貢戈火山口裡。小小的帳棚,在比一個足球場還大的火山口裡,顯得格外孤單。面對大自然的原始力

科學家正在記錄測量結果。

量,彼得覺得自己渺小、脆弱且無關緊要。除此之外,還得和火山口裡瀰漫的、具有腐蝕性的煙霧抗戰——防毒面具裡面的雙眼依然刺痛,嘴唇乾裂、鼻水直流,還不斷地咳嗽。彼得心想:「這裡真的不是人待的地方。」怪不得,所有夥伴都已經離開火山口了。

10公里

火山熔岩可以被拋射到10公里高。如果火山熔岩粒子夠細小的話，甚至能升得更高，被風吹到遠處成為灰塵。

1600公尺

1986年日本伊豆大島火山噴發出1600公尺高的熔岩泉。

熔岩內外

岩漿

地球內部有熔化的岩石與溶解氣。熔岩的成分決定了噴發型態，以及最後會凝固成什麼岩石。也有許多岩漿不會噴出地表，就在地殼下凝固成岩石。

熔岩

指火山噴發出來的、熔化成液體的岩石。有的濃稠，有的稀薄。冷卻及凝固後的岩石也稱為熔岩。

塊熔岩

由粗糙、邊角鋒利的碎塊組成，有些碎塊和哈密瓜差不多大。原文名稱'A'ā-Lava是夏威夷語。

繩狀熔岩

這種熔岩有平順、光滑，或是如紡織品紋路的表面。原文名稱為Pāhoehoe-Lava，也源自夏威夷語。

艱辛的登頂

不過就是幾天前，彼得協同一隊火山學家及影片拍攝小組，越過尼拉貢戈山的側翼登頂。107位來自該區域的居民，有男有女，背負著測量儀器、攝錄影器材、攀岩設備、全身式高熱防護衣、帳棚，還有糧食，越過陡峭、滑溜的稜線爬上山。遠征隊在3400公尺高的火山口邊緣紮營。氣溫低於零度，濃霧恰恰停留在頂峰的岩石附近，不上不下。彼得夢想登上尼拉貢戈山已經很久了，但這座火山並不好爬。它位在剛果民主共和國和盧安達的邊境，這個地區經常爆發戰爭。該地區不平靜的政治狀態恰好反映了這座火山的性格——生在同一個時代，同樣難以預料。豐饒的土壤供給數百萬居民所有想得到的水果種類與豐富的蔬菜，卻也帶來了死亡與摧殘。2002年，火山口內低濃度的熔岩上升，火口壁的壓力承載度到達極限，導致火山崩開了一道13公里長的裂縫。火山腳下的哥馬市（Goma）經歷了一場浩劫：2公尺高的熾熱熔岩流沖刷了街道、人行道、汽車和房屋。有40萬人必須透過救援才能離開他們居住的地區，最後有147人失蹤。

進入火山口

此時，彼得無暇細想這些事。眼前的挑戰對他和同伴來說已經夠困難了。遠征隊的計畫是垂降進入火山口，因此還是必須把繩索固定在可能碎裂的岩石上，然後小心翼翼地、一步一步地下降。火口壁非常敏感，一個錯誤或不夠謹慎的動作，就很可能引發致命的落石，這樣的話整隊人馬就大難臨頭了。彼得和朋友用繩索拉出軌道線，把眾多行李往下運送。大家在像階梯般將火山口分成兩層的「第二層平臺」成功紮營。隔天一早，火山學者開始收集樣品岩石，可是過程很艱辛：升起的氣體不停地刺激眾人的眼睛、鼻子和嘴巴。火山口的高溫讓人無法招架，多事的雨偏偏又來湊熱鬧。第一天晚上大家就受不了了，汗流浹背、筋疲力盡的他們又爬回火山口邊緣。只有彼得留下來——這麼早放棄不是他的風格。

彼得獨自熬過一夜，才剛醒來，就聽見石頭掉落的聲音。他不敢置信地、欣喜地從帳棚內向外張望，只見好友漢萊恩緩緩垂降到眼前。這位經驗豐富的攀岩家已經陪伴彼得完成許多次冒險，他之前覺得自己可能快生病了，因此先爬回

櫛比鱗次

火山周圍是土質豐饒的地區，因此有數百萬人定居在尼拉貢戈山腳下。

打造家園

一部丘庫都（Chukudu）木製兩輪車，正在運送建屋用的木材。

農民使用載重可達750公斤的丘庫都，把蔬果運送到市場上販賣。

當地居民取用基伏湖（Kivu）的水作為飲用水。

107位當地居民背著彼得的探險裝備爬上尼拉貢戈火山口。

山頂。覺得好多了的他，現在回來了。兩人決定一起下到尼拉貢哥火山口底部——那裡可上演著全世界獨一無二的戲碼：在火山口中央，躺著一座熾熱的湖泊，還有一道約15公尺高的環形壁完美地圈住它。看起來有點像一座超大型的戲水池，唯一的不同是跳進這座湖裡的人必死無疑，因為這座湖裡的「水」，是超過攝氏1200度的熔岩。

雖然如此，或者更應該說正因如此，彼得才堅持要爬上熔岩湖環形壁的頂端，好好看它一眼。兩人從第二層平臺沿著垂直的岩柱垂降到火山口底層，要下降150公尺，每放掉1公尺的繩索，就更刺激一分。他們流著汗，在刺痛的氣體煙霧裡咳嗽著，垂降到這座如煉獄般的滾燙煮鍋旁。熔岩覆蓋著湖泊四周的火山口地面，這裡反射著熔岩湖的炙熱紅光，地面看起來彷彿也在燃燒。彼得與漢萊恩一步一步地靠近湖泊邊緣，環形壁高聳地矗立在頭頂上。不過他們放不下心，縮頭縮腦的，時而環形壁有碎石塊崩落下來，時而有熔岩濺出湖泊邊緣。如果眼前的壩

體突然破了，兩人就會在幾秒內葬身滾燙的熔岩。

即使如此，彼得還是堅持繼續往前走，畢竟目的地已近在咫尺。他穿著厚重的、夾有鋁層的全身式高溫防護裝，看起來就像登陸月球的太空人——頭盔面罩的視野有限，防護裝材質僵硬，動作非常不靈活，根本不可能攀爬上環形壁！但彼得還是努力地、一寸寸地往上爬。陡峭的環形壁上黏附著許多小珠子，像乾燥的路面上會讓人滑倒的小圓碎屑——姑且稱之為「熔岩彈珠」吧！彼得不斷地打滑，打滑後再繼續往上爬，最後終於上到了環形壁頂端。只要再爬一步、再撐住一次，就可以親眼見到「那鍋滾燙的熔岩」了！

地殼內部的高溫，製造出直徑最大可達20公尺的氣泡，然後大聲、響亮地破掉。冷卻下來的熔岩殼在液態的熔岩裡游泳，如同縮小版的地球，因為地球的板塊

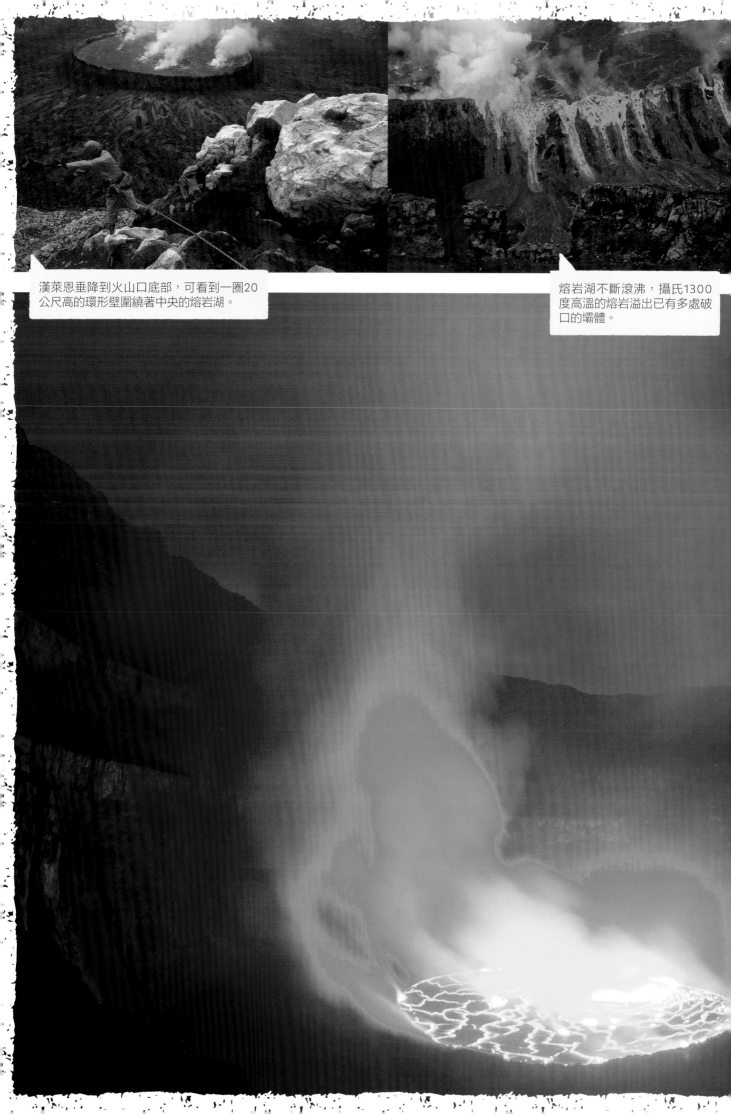

漢萊恩垂降到火山口底部，可看到一圈20公尺高的環形壁圍繞著中央的熔岩湖。

熔岩湖不斷滾沸，攝氏1300度高溫的熔岩溢出已有多處破口的壩體。

彼得在第二層平臺上紮營。

火山學家戴上防毒面具，避免吸入從火山管升起的、刺痛的腐蝕性綜合氣體。

熔岩湖上一片片的熔岩殼，像縮小版的地殼。

100 KM/H

1977年，尼拉貢戈火山的熔岩流以時速100公里往哥馬市奔流而去。

160公里

澳洲烏達拉火山（Mount Undara）某次噴發時形成的熔岩流有160公里長，不過噴發年代已不可考。

在尼拉貢戈火山口旁的直升機，像一隻小蜻蜓。彼得單獨紮營的第二層平臺清晰可見。

也漂浮在地殼內部的岩漿層上，有時碰撞在一起，有時彼此遠離，如此循環著。

　　炙熱的熔岩發出的高熱確實是人類無法承受的。由於高熱強烈地扭曲了空氣，彼得連視線都無法聚焦，看不到清晰的視野。雖然總算來到世界最大熔岩湖的邊緣，彼得卻連一分鐘都待不住。他一聞到塑膠燒焦的氣味，就立刻踏上歸途——原來他的鞋底開始熔化了。與其說他沿著環形壁爬下來，不如說他是邊滑邊摔，剛一落地，接著又開始漫長的攀爬，才回到大霧籠罩的火山口邊緣。

　　再一次地，彼得比所有人多堅持了一點，因而看到了永生難忘的奇景。

吃晚餐的山地大猩猩
尼拉貢戈山周圍的雨林，是山地大猩猩僅存的兩處生存空間之一。

世外桃源

可惜，小島的如畫之美已成泡影，蘇夫利厄赫火山的爆發徹底蹂躪了蒙特賽拉特島。

幸運逃過一劫

對生活在活火山腳下的居民而言，火山噴發常以大破壞結束。彼得在加勒比海的蒙特塞拉特島上切身感受到火山噴發的後果——而且還與滅頂之災擦身而過。

大西洋

北美洲

墨西哥灣

加勒比海

南美洲

火山學家搭乘直升機飛到火山斜坡，以追蹤測量站的數據。

彼得當然樂於造訪加勒比海，投入陽光、海水和沙灘的懷抱——這就是一般人對中南美洲海岸外熱帶群島生活的想像。

但如果你像彼得這樣對火山瘋狂，那麼地球的神祕力量，會遠比陽光、海水和沙灘更加吸引你。彼得在2010年抵達蒙特塞拉特島（Montserrat），打定主意拍攝島上最大的火山：蘇夫利厄赫火山（Soufrière Hills）。15

年前，這個睡美人從幾世紀的沉睡中醒來，為人類和動植物帶來了嚴重的災難。

蒙特塞拉特島對1995年以前的旅客而言，就是廣告中典型的加勒比海島嶼。

氣溫舒適宜人、棕櫚樹在平緩的山丘上搖曳，海浪溫柔地拍打著白色沙灘，友善的居民過著無憂無慮的生活。小島的呼喚吸引了許多觀光客——直到蘇夫利厄赫火山開始噴發為止。

死亡之城

這座火山屬於爆發型態特別強烈的「層狀火山」。1995年開始,它的火山噴口開始流出紮實、濃稠的熔岩。就像牙膏被擠出來一樣:熔岩流完全不打算朝各方流洩,反而變成不斷拔高的巨塔。

這種所謂的「火山穹丘」並不堅固,內部充滿了無處可去的氣體。最終,和愈吹愈鼓的氣球一樣,火山穹丘的內部壓力持續升高,直到爆炸。爆炸的結果很可怕,龐大的山體側翼瞬間崩塌,這樣的山崩是由岩石碎屑、火山灰和氣體混合而成的火山碎屑流。冒著煙發出怒吼的火山碎屑流溫度可達攝氏600度,而且速度極快,如樓房般大小的岩石隨著它流動,就像在海上衝浪一樣。一路上所有的東西,都會被熾熱的火山碎屑流無情地燒毀。這還不夠。在蘇夫利厄赫火山爆發的時候,熔岩被磨成極細小的岩屑,構成巨大的火山灰雲。而且火山灰的成分不是燒毀的物體,而是小於2公厘的岩粒。火山灰如傾盆大雨般從天而降,為小島覆上一層灰黑色的紗。之後的幾天,潮溼的火山灰形成的泥漿流,稱為火山泥流,逐漸囤積在山坡上。曾經很美麗的蒙特塞拉特島,在1995年的火山爆發中被摧毀了三分之二。15年後造訪首都普利茅斯(Plymouth)的彼得,以為自己來到了一座鬼城。一層厚厚的、灰咖啡色的灰塵蓋住所有的街道、草地、遊戲池和房屋。到處是破裂的屋頂和坍塌的牆壁。彼得說:「好像死神住在城裡的每個角落。」透過一扇窗戶望進空蕩蕩的房子,他不禁感到詭異的氣

氛：灰色的灰塵底下，有一張只剩骨架的沙發站在那裡，坐墊抱枕全是焦黑的。旁邊躺著一個打開的行李箱，看起來當時屋主想要打包重要物品，但下一秒鐘卻必須狂亂地逃離家園。

不過，森林中一條條的灰色帶狀區彷彿寬大的高速公路，提醒著他火山15年前才噴發過。樹木中兀立著幾棟白色的房子，是主人遺棄很久的製糖廠。整個地方毫無人煙。恢復野生的

等待噴發

普利茅斯這座曾經精緻美麗的城市，如今已是無法進入的危險地區。當年蒙特塞拉特島的1萬2000個居民，有超過半數失去家園。

　　2010年，蘇夫利厄赫火山穹丘顯示出再次塌陷的跡象。彼得為了拍攝這次塌陷，在靠火山北側找到一個適當位置。他認為這裡在安全距離之外，是能拍攝到火山穹丘坍塌及火山碎屑流的理想地點；他眼前是一片植被茂密的山丘景觀，柔和地往蘇夫利厄赫山頂延伸過去。

測量站如同監測火山動態的血壓計，負責提早警告蒙特塞拉特居民的去留。

晚場演出
灼熱的岩石、火山灰和氣體形成的火山碎屑流，沿著蘇夫利厄赫火山斜坡流下。

驢、公牛和母牛在原始叢林裡吃著草。蘇夫利厄赫火山規律地噴出熾熱的崩流，在森林中拓出空地。火山穹丘還是不斷增高。彼得已經成功拍到幾張照片了。

不知不覺，彼得已經在蒙特塞拉特島待了三個星期。2月初，這趟小島之旅結束，該回家了。啟程返鄉的他不知道這個決定即將救自己一命。

徹底的蹂躪

彼得離開十天後的2010年2月11日，蘇夫利厄赫火山崩塌了。一團火山灰雲噴上15公里高空，巨大而熾烈的火山碎屑流氾濫到遙遠的山坡才流進山谷，不僅焚燒樹木叢林，追上來不及逃命的動物，把房屋連根鏟起，甚至有些地方的表土層都被整片捲起帶走。噴發的力量極端強大，有些物質從火山口直接噴進海裡。火山灰也將蒙特塞拉特機場埋入10公尺深的地下。彼得幾天前拍攝時所在的那座山丘也無法倖免。雖然蘇夫利厄赫火山與那座山丘中間還隔了一座山谷，但火山碎屑流竟然能一舉衝上對面山坡。災難發生之後兩個月，彼得再次來到島上。他爬上之前拍照的位置，眼前什麼都沒有了，只剩下一片廢墟，完全沒有生命跡象。他知道自己非常幸運地逃過了一劫，說道：「當時如果繼續留在蒙特塞拉特島，我就活不到今天了。」

全民洗車日

蘇夫利厄赫火山爆發後，火山灰如雨水從天而降，為每一樣東西蓋上一層灰黑色的紗。

1995年，居民在火山爆發前急忙逃離家園，沒時間打包行李。

死亡之城
被居民遺棄的蒙特塞拉特島首都普利茅斯。

許多動物死於火山碎屑流，如圖中這隻鬣蜥。

普利茅斯曾經是一個風光明媚的殖民城市，如今從空中鳥瞰，可清楚看見整個城市完全被火山碎屑流和泥漿流摧毀。

10萬人死亡

1815年，印尼，松巴哇島（Sumbawa）的坦博拉火山（Tambora）爆發，造成10萬人死亡，是歷史上最嚴重的火山爆發事件之一。

50公里

2萬3000年前，紐西蘭的陶波火山（Taupo）噴發出50公里高的火山灰雲。

內部世界
陽光穿過厚實的冰川，在冰洞裡閃爍著微弱的藍光。

冰中之火

伊里布斯峰是一座非常另類的火山，就像矗立在南極洲冰封世界的燈塔。造訪全世界最南端的火山，是彼得的另一個夢想。

固若金湯
只比一個貨櫃大一點的伊里布斯監測站，能抵抗南極風暴。

走向火山口的每一步，都費力得不可思議。登山長靴底下的雪，竟然發出如保麗龍摩擦一般的聲響。冷風帶著細小的雪晶吹在彼得臉上，感覺和幾千根針扎進皮膚差不多。除此之外，空氣非常稀薄。南極的大氣層本來就比較薄，在海拔將近4000公尺處，連呼吸都是一件困難的事。

雖然如此，彼得還是很興奮，因為再過幾分鐘，他就終於能一窺伊里布斯峰（Mount Erebus）火山口深邃的內部，實現他小時候的夢想。彼得自從愛上火山開始，就想要拜訪地球最南端的火山。伊里布斯峰位於南極洲麥克默多灣（McMurdo Sound）的羅斯島（Island Ross）上，這裡是地球上最少人來的地區，交通極難到達。怪不得登上「只有」3794公尺高的伊里布斯峰的人數，遠少於世界第一高峰聖母峰的登頂人數。

雪世界

兩天前，直升機在「宿營地」把彼得和朋友丹

耶勒正在攀爬一座崩塌過的「火山煙囪」——由火山噴出的氣體與蒸氣結冰而成。

尼爾‧耶勒（Daniel Jehle）放下來。不過，這裡叫做宿營地實在令人困惑，因為這個名稱和周圍環境完全不搭調，在海拔3000公尺的南極高山上沒有露營車，也沒有洗衣店。只有幾座帳棚紮在冰凍的地層上，作為科學家的庇護所——幾個小小的黃色斑點散落在一望無際的白色沙漠上。

彼得和耶勒剛搭好帳棚，準備抵抗即將來襲的可怕強烈風暴。狂風吹襲發出雷鳴般的聲響，有如一列貨運列車經過。帳棚外層在強風中嗶嗶作響，鼓脹得簡直就要裂開了。兩人很擔心夜裡是否會突然變成躺在一片空地上。基本上，在這種自然災害中存活下來的機率是零。氣溫降到攝氏零下50度，他們很快就會凍死。

不過，帳棚內的溫度還算勉強可以承受。他們睡在羊毛和羽絨臥鋪上，把自己捲在好幾層用特殊材質製成的睡袋裡，這種材質在這樣的極低溫中仍然能保持溫暖。所有不能被凍壞的物品也得一併塞進睡袋裡：盛裝飲用水的保溫瓶、攝影器材、電池、防曬乳、手套和襪子。此外，彼得和耶勒所有的小動作都會牽動帳棚，使得在帳棚頂端結成的冰晶不時掉落在他們身上。這一覺睡得稱不上舒適。

冰川內部

彼得和耶勒困在雙人帳棚裡整整兩天，天氣才終於轉好。兩位探險家爬出帳棚的狹窄開口時，非常驚訝地發現自己站在獨一無二的景觀之中，「好像來到了另一個星球。」眼前，伊里布斯峰的側翼不斷長高，直到火山口的最高點才停下來。世界上只有這個地方，兩個極端如此直接地碰撞在一起：在南極的萬年冰層裡，火山噴口的底

部，有一座攝氏1000度高溫的熔岩湖沸騰著。

　　火山活動雕塑了伊里布斯峰周圍的冰川。溫暖的蒸氣在荒原上融化出一個有巷道、有洞穴的寒冰迷宮。火山噴口的高熱氣體與蒸氣泉在地表結成冰，形成冒煙的煙囪，好像有人把一根吸管插在山的側翼。在火山口邊緣也有這樣的構造——圓型的岩石圈構成形狀不規則的王冠。相當然爾，這根冰煙囪勾起了彼得的好奇心。他固定好鞋底的冰爪，前方有兩個尖齒，下方有十個尖齒，這種輔助器材能幫助登山者攀爬垂直的冰山；手上拿著兩支能深深敲入冰層的冰斧，靠著這些裝備，彼得一步一步爬上煙囪口。他低頭往煙囪內部看，一小團向上噴的蒸氣打到他的臉。彼得固定住繩索，爬進噴口內部，開始往下垂降。愈往下，噴口就愈窄，好不容易把肩膀擠入與肩齊寬的通道後，突然間，狹窄的煙囪在下方又拓寬成充滿蒸氣的寒冰大廳。彼得擔心自己進入一間二氧化碳毒氣室，非常緩慢地繼續垂降下去。還好，他的擔心是多餘的：他沒有昏過去，安然無恙地抵達冰穴底部。陽光穿透頂部的冰層變成微弱的藍光，來到這裡彷彿置身在一根巨大的霓虹燈管裡。牆面上長出的冰晶形狀千變萬化。相對於外面冰層上極低的溫度，冰川內部反而溫暖無風。

3794公尺高的伊里布斯峰矗立在南冰洋的羅斯島上；對岸的麥克默多灣是南極洲本土。

冰花
藍綠色的冰晶，使沃倫洞穴
（Cave Warren）的通氣井變得
愈來愈窄。

洞穴迷宮
耶勒藉著鋁梯爬出伊里布斯峰
300公尺長的沃倫洞穴。

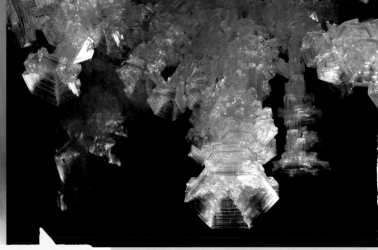

巨型鑽洞器

為研究生存在冰層裡的細菌，微生物學家正在鑽探冰煙囪牆面上的冰核，擷取細菌樣本。

精緻藝術

由於水蒸氣和冰雪的溫差極大，伊里布斯峰內部牆面上長出的冰晶形狀千變萬化。

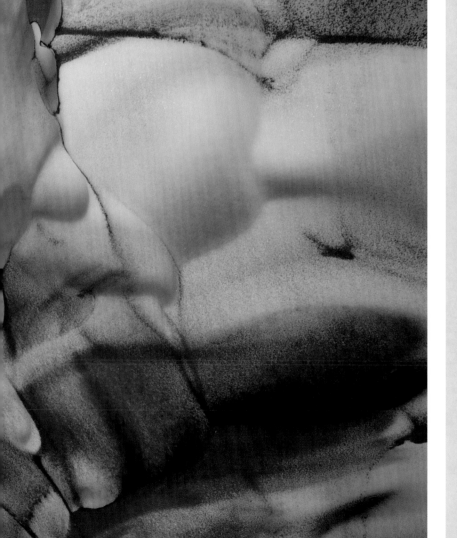

最南端的活火山

南極洲的伊里布斯峰（海拔3794公尺）是地球最南端的活火山，火山口裡的火山熔岩湖是世界上僅有的五座之一。

最北端的活火山

挪威央棉島（Jan Mayen）上2277公尺高的貝藍山，是全世界最北端的火山；它曾經長期被判定為休眠狀態，後來又活躍起來。

最高的活火山

夏威夷島上的茂納羅亞（Mauna Loa）火山，又稱「長山」，從海底到山頂大約有1萬公尺高，最近一次的噴發為1984年。

1983

1983年，夏威夷島上的基勞厄亞火山（Kilauea）開始嘟嚷起來——此後它就持續噴發出熔岩和火山灰，是現今最活躍的火山之一。

公元前480年

公元前480年，航海家漢諾（Hanno the Navigator）針對一次火山爆發，寫下了人類史上第一份火山噴發報告書。

科學家穿上無菌衣、消毒登山鞋底，以免汙染當地獨特細菌的生存空間。

火山熔岩湖

完成冰川內部的小旅行後，彼得又要挑戰極限了，那就是炙熱的火山本身。攀爬到火山口的過程中，彼得必須不斷地避開穿透冰層長出來的、像汽車那麼大的岩塊。這些岩塊是伊里布斯峰噴射出的火山彈及其殘餘物。熔岩湖裡升起的巨大氣泡，會撐裂熔岩湖表面，這時火山口就會吐出飛彈般的熔岩，劃過天空，落入火山口周圍的區域——這些熔岩又大又危險。時間一久，這些火山彈會崩解、風化，最後滿地都是伊里布斯的結晶火山彈。不過，今天伊里布斯峰的熔岩湖，難得像一座戲水池那般安靜，非常和平，讓期待這一天已經好久的彼得，終於可以一睹它的廬山真面目。彼得讚嘆地望著眼前的景象：在一圈白冰的中央，火紅炙熱的熔岩湖冒著蒸氣——攝氏1000度的高溫液態熔岩與堅硬的冰層和平共存。「因為實在太寒冷、天氣也不好，所以我待得不久。」彼得說，「不過，單單這麼短短幾秒鐘的印象，就美得教人目瞪口呆，所以我很清楚我一定要再來——而且要進入火山口，到熔岩湖畔去。」✳

前往南極洲不只遙遠，還很費事。科學家得把運輸機中的空間分配給儀器裝備和儲備的糧食。

耶勒爬出狹小的帳棚開口。他和彼得熬了兩天，終於戰勝攝氏零下50度的風暴。

尋找蹤跡
伊里布斯峰的洞穴系統，是能夠適應極端條件的奇特細菌生存的地方。

沙漠商隊

幾百年來，游牧民族阿費爾人（Afar）在達納基爾（Danakil）沙漠採鹽，再運送到其他地方。

科學家的研究狂熱

要在埃爾塔阿雷火山（Erta Ale）作研究，火山學家必須穿越最極端的沙漠。

冒煙的山

身為狂熱的火山拍攝者，彼得對於高溫環境早已習以為常，尤其是在垂降到火山口的時候。不過，為了到達埃爾塔阿雷火山，他得先穿越世界上最炎熱的沙漠。

開始，那個奇特的聲音還算小。之後類似逐漸靠近的轟隆雷聲，愈來愈大，最後，在彼得和隊友昨晚過夜的狹谷中不斷回響。此時彼得正在為自己的單峰駱駝裝上鞍座，準備前往地球上最偏遠的地方之一：位於達納基爾沙漠的埃爾塔阿雷火山。彼得從衣索比亞東北部的高原出發，

埃爾塔阿雷火山，是世界上少數持續活躍的火山之一，它的火山口裡也有一座熔岩湖。

坐了兩天的吉普車才抵達，然後和隊友把行李搬到駱駝背上。沒有這些動物夥伴的幫忙，他們根本不可能完成到達火山腳下的最後一段路，因為沒有汽車能夠過穿越這片礫漠。不論選擇步行，還是騎駱駝繼續往火山前進，最大的考驗是太陽升起後，酷熱如火燒的高溫。

0-8

火山爆發指數（volcanic explosivity index，縮寫為VEI）依火山爆發的強烈程度分為0到8。形成火山熔岩湖及熔岩流的噴發，指數為0。指數為8的噴發，則是足以影響全球氣候的超級火山噴發。

64萬年

美國黃石火山最後一次的噴發在64萬年前。不過，這座火山還不是死火山，只是休眠了很久。

超級火山

「超級火山」一詞，是一位記者在報導黃石火山臼（Yellowstone Caldera）的文章中率先使用。這個火山臼的規模大到只能從空中完整看見。大量的水從大約1萬處溫泉、山泉噴發出來。當火山底下的岩漿庫（地底下儲存岩漿的空間）抽空，導致整座火山坍塌時，就形成了火山臼。超級火山一旦爆發，全球都會受到影響。歷史上最嚴重的爆發發生在7萬5000年前，位於印尼的多峇火山（Toba）爆發，幾乎毀滅了所有人類，火山灰雲遮蓋了大片天空，使全球氣溫降低了攝氏15度。

根據測量顯示，非洲衣索比亞東北部的達納基爾沙漠白天溫度高達攝氏70度。地表上沒有一個地方像這裡這麼乾熱。衣索比亞高原的山在西邊劃出了地區界線，並攔下了所有雨水，因此在背風的這一側總是乾燥。紅海是沙漠北邊跟東邊的界線。乾地和水的中間，只不過就是一條細長的山脈而已。這裡和其他沙漠一樣，夜裡都會降溫，但只會降一點點。彼得在外面露宿了一夜——帳棚裡根本待不了人。

那陣雷聲愈來愈大，不再只是悶悶的轟隆聲，而是許多單獨的聲音，集合起來變成大聲響。彼得突然明白了：這是動物的蹄踩踏地面的聲音！他火速收拾常用裝備。不久之後，彼得和隊友就看見了好幾百隻，不，是好幾千隻駱駝，伸長了健壯的脖子，邁著大步從他們面前經過，繼續往前走。他們身上背的是所謂的「白金」，也就是鹽，那都是牠們的主人阿費爾牧民，從達納基爾沙漠的低窪鹽田採來的。

搏命遠征

彼得的遠征隊嚮導艾德瑞斯（Ed-ris）催促他們開始趕路。雖然這時還是夜晚，而且沙漠裡的氣溫還算可以忍受，但有經驗的沙漠居民都知道，再過幾個鐘頭，沙漠地面上的空氣就會熱到開始扭曲視覺景像，眼睛也會因為沾到鹽塵而刺痛。大家用布把臉纏繞、遮蓋起來，避免受到烈陽、風和灰塵的傷害。進入達納基爾沙漠，就和走進一只巨大的煎鍋裡沒有兩樣。在沙漠上迷路、水又喝完了的人就很慘了！在這裡成人一天要喝足5000毫升的水才不會被烤乾。沙漠裡完全沒有泉水可以取用，所以駱駝必須背負大量的集水容器。艾德瑞斯騎著駱駝帶領隊伍。削瘦的他腰帶上繫著一把匕首，肩膀上背了一支俄製卡拉什尼科夫機槍。艾德瑞斯也是阿費爾人，這是個好戰的游牧民族，和他們生存的沙漠一樣粗獷。從古至今，阿費爾人掌控了達納基爾沙漠的白鹽買賣，想來這裡旅行的人都要和他們打好關係。這幾年觀光客遭到綁架的事件頻傳，必須付出高額贖金才換得回性命。彼得和隊友運氣好，因為他們的嚮導是長老的家族，因此一路平安。

躲避炎熱
沙漠居民藏身在編織粗糙的小棚裡，躲避能把人烤焦的烈日。

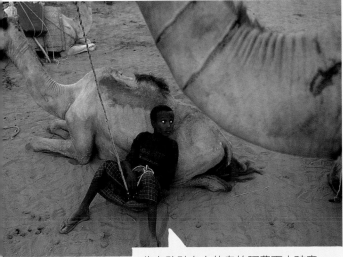

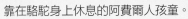
靠在駱駝身上休息的阿費爾人孩童。

衣索比亞人把白布纏繞在額頭上防曬，阻擋烈日的高溫。

為了在龐大的駱駝商隊中認出自己的駱駝，阿費爾人為駱駝烙印，以資辨識。

垃圾山

遠征隊到達火山腳下時，彼得以為自己看錯了。近幾年達納基爾沙漠的觀光業持續成長，阿費爾人還備有行程，帶領觀光客騎駱駝前往埃爾塔阿雷火山，因而造成無法忽視的後果：火山側翼到處都是五顏六色的塑膠袋與塑膠瓶，大多是沒有環境意識的觀光客丟棄的。沒有人收拾，垃圾就不會消失，也不會腐爛。彼得決定採取行動：當他的隊友在火山紮營時，他承諾大家，每幫忙收集一個塑膠瓶，就可以得到一個獎勵。結果計畫奏效，一個小時就收回了750個塑膠瓶！

活躍的火山

埃爾塔阿雷火山字面上的意思是「冒煙的山」，這是地球上少數持續活躍的火山之一。它的位置鄰近東非大裂谷，所以岩漿可以毫無困難地從地球內部經由無數的裂口、縫隙、斷層開出路徑。埃爾塔阿雷火山口的直徑大約半個足球場大，火山口裡有一座湖，湖中低濃度的熔岩拍打著岩壁。湖面時常晃動起伏，有時可以清楚透視火山口底部，有時則有熔岩氾濫。熔岩凝結成的黑色大型板塊浮在湖面上，板塊間的

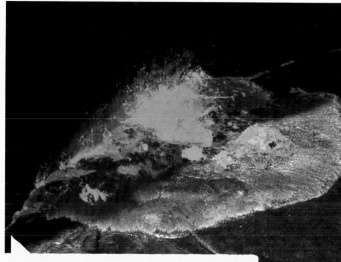

由於湖底氣泡的強力推擠，熾熱的熔岩溢出湖的邊緣。

在強烈的日光下，可隱約看出在冷卻的熔岩底下還有高熱的熔岩。

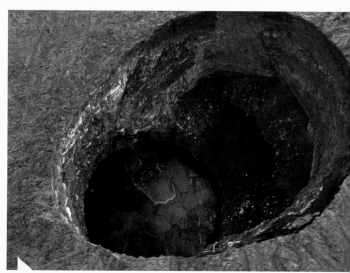

從這張空照圖，可以一窺埃爾塔阿雷火山的內部。

埃爾塔阿雷火山爆發的時候，風會把熔岩吹開，形成細細的、最長可達3公尺的「佩蕾之髮」（Pele's hair），也就是火山毛；佩蕾（Pele）是夏威夷的火山女神。

天色昏暗時，可以看見熾熱的熔岩從冷卻的熔岩硬殼縫隙間透出光芒，有如一道道閃電。

裂縫閃耀著炙熱熔岩的紅光，看起來就像有人在黑色畫布上甩了幾道橘紅色的閃電。

　　彼得為了拍攝地球上少見的熔岩湖而來到埃爾塔阿雷火山，實際情況卻比想像中困難。因為火山口的壁面質地極度易碎，垂降進入火山口時，必須避免碰觸壁面。但彼得絕不輕言放棄，他是登山和攀岩專家，使用索具的經驗非常豐富。他的解決辦法雖然瘋狂，卻很聰明：他不從壁面下來，而是和助手把一條繩索拉緊橫跨在噴口上方，像條曬衣繩，然後再用攀岩的安全吊帶，緩緩滑到火山口上方，再從那裡垂降到火山口底部。和走鋼索的技巧類似，每個動作都必須熟練精準，但彼得必須避開熔岩湖的高熱，否則很快就會像隻烤豬掛在繩索上——如果繩索也還沒融化的話。

科學家伊蓮娜‧瑪格瑞提斯，大膽地垂降進入埃爾塔阿雷火山口。

頭盔的面罩上鍍了一層金，能降低熔岩光芒的刺眼程度。

　　終於，彼得穿著全副高熱防護衣，安全垂降在火山口底部靠外側的平臺上，成為世界上少數這麼靠近熔岩湖的人。還好，一切平安。

　　因為彼得願意為自己熱愛的事物付出各式各樣的努力，而且不畏危險，才拍得到這些感動全世界的照片。🐫

全身式高熱防護衣內部非常熱，不是熔岩的高溫造成，而是因為材質不透氣，穿了會汗流浹背。

火山噴發類型——
每一座火山都不一樣

夏威夷型噴發

較為無害。氣體少、質地較稀的熔岩寧靜地流洩出來。以夏威夷盾狀火山群之名,統稱這種類型的噴發。

斯通波利型噴發

噴發時,會拋射出熔岩碎片和火山彈,劃出漂亮曲線,掉落在火山周圍。以義大利斯通波利火山之名,統稱這種類型的噴發。

佛卡諾型噴發

噴發的間歇期較長,但一旦噴發就很劇烈;火山灰會噴上幾公里高。以義大利佛卡諾島之名統稱這種類型的噴發。

普林尼型噴發

噴發時會產生巨型火山灰雲和大量的氣體,非常劇烈,通常火山錐本身也會在噴發中被摧毀。古羅馬作家小普尼林記載了公元79年的維蘇威火山噴發,因此以他的名字統稱這種類型的噴發。

蒸氣噴發

岩漿或高溫的岩石附近的地下水因受熱成為蒸發,壓力累積之後瞬間噴發。

火山口牆面在熔岩湖的反射下泛著紅光。仰頭可見高掛夜空的滿月。

獻給利奧·里安德（Leo Leander）

深入火山

攝　影：卡斯坦·彼得
撰　文：湯姆·道爾
翻　譯：張璧
主　編：黃正綱
文字編輯：許舒涵、蔡中凡
美術編輯：余瑄
行政編輯：秦郁涵

發　行　人：熊曉鴿
總　編　輯：李永適
印務經理：蔡佩欣
美術主任：吳思融
發行經理：張純鐘
發行主任：吳雅馨
行銷企畫：汪其馨、鍾依娟

出　版　者：大石國際文化有限公司
地址：台北市內湖區堤頂大道二段 181 號 3 樓
電話：(02) 8797-1758
傳　真：(02) 8797-1756
印　刷：群鋒企業有限公司

2016 年（民 105）3 月初版
定價：新臺幣 380 元 / 港幣 127 元
本書正體中文版由
Ravensburger Buchverlag
授權大石國際文化有限公司出版
版權所有，翻印必究
ISBN：978-986-92921-1-5（精裝）
＊本書如有破損、缺頁、裝訂錯誤，
　請寄回本公司更換

總代理：大和書報圖書股份有限公司
地址：新北市新莊區五工五路 2 號
電話：(02) 8990-2588
傳真：(02) 2299-7900

國家地理學會是全球最大的非營利科學與教育組織之一。在1888年以「增進與普及地理知識」為宗旨成立的國家地理學會，致力於激勵大眾關心地球。國家地理透過各種雜誌、電視節目、影片、音樂、無線電臺、圖書、DVD、地圖、展覽、活動、教育出版課程、互動式多媒體，以及商品來呈現我們的世界。《國家地理》雜誌是學會的官方刊物，以英文版及其他40種國際語言版本發行，每月有6000萬讀者閱讀。國家地理頻道以38種語言，在全球171個國家進入4億4000萬個家庭。國家地理數位媒體每月有超過2500萬個訪客。國家地理贊助了超過1萬個科學研究、保育，和探險計畫，並支持一項以增進地理知識為目的的教育計畫。

國家圖書館出版品
預行編目（CIP）資料

深入火山
湯姆·道爾撰文；卡斯坦·彼得攝影；張璧翻譯 — 初版-臺北市：大石國際文化，民 105.03　58 頁：21×29.5 公分

譯自：VULKANE

ISBN 978-986-92921-1-5(精裝)

1.火山
354.1　　　　　　　　　　　105003426

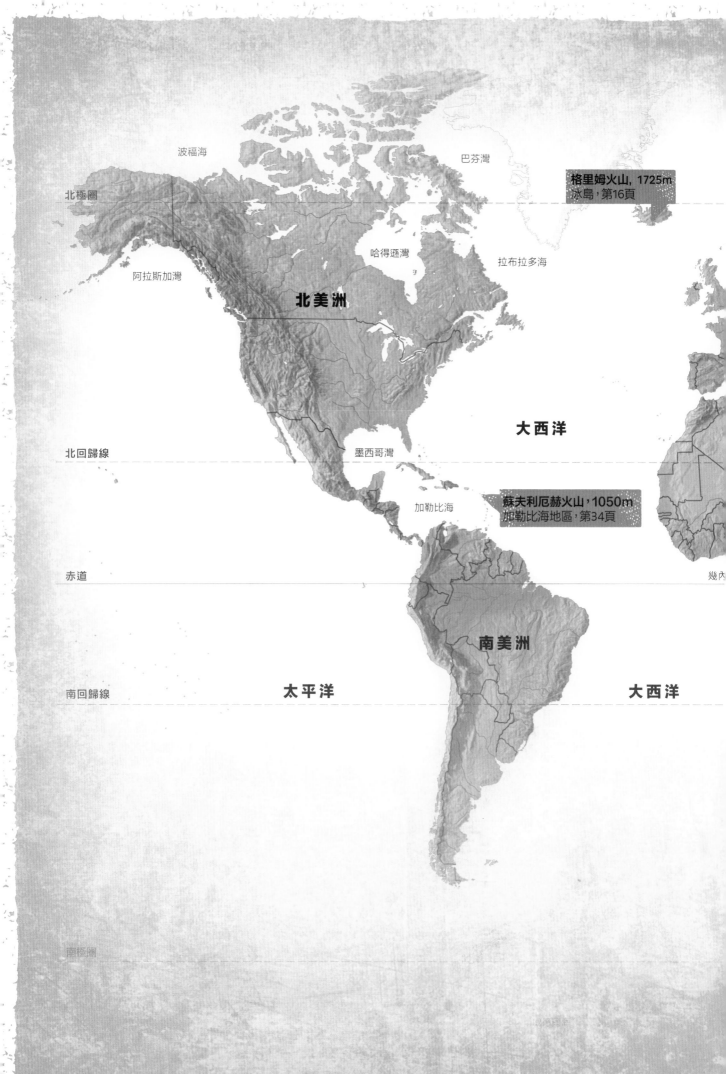

波福海

巴芬灣

格里姆火山, 1725m
冰島，第16頁

北極圈

哈得遜灣

拉布拉多海

阿拉斯加灣

北美洲

大西洋

北回歸線

墨西哥灣

蘇夫利厄赫火山，1050m
加勒比海地區，第34頁

加勒比海

赤道

幾內

南美洲

南回歸線

太平洋

大西洋

南極圈